A.U. Iddawela
N.P. Ranathunga
M.G.D.L. Priyantha

Efeito do tratamento de sementes nas doenças transmitidas por Xanthomonas

A.U. Iddawela
N.P. Ranathunga
M.G.D.L. Priyantha

Efeito do tratamento de sementes nas doenças transmitidas por Xanthomonas

ScienciaScripts

Imprint
Any brand names and product names mentioned in this book are subject to trademark, brand or patent protection and are trademarks or registered trademarks of their respective holders. The use of brand names, product names, common names, trade names, product descriptions etc. even without a particular marking in this work is in no way to be construed to mean that such names may be regarded as unrestricted in respect of trademark and brand protection legislation and could thus be used by anyone.

Cover image: www.ingimage.com

This book is a translation from the original published under ISBN 978-620-2-09285-2.

Publisher:
Sciencia Scripts
is a trademark of
Dodo Books Indian Ocean Ltd. and OmniScriptum S.R.L publishing group

120 High Road, East Finchley, London, N2 9ED, United Kingdom
Str. Armeneasca 28/1, office 1, Chisinau MD-2012, Republic of Moldova, Europe
Printed at: see last page
ISBN: 978-620-8-10996-7

ÍNDICE DE CONTEÚDOS

RESUMO

A podridão negra causada por *Xanthomonas campestris pv. campestris* (Xcc) é a doença mais grave das culturas de crucíferas em todo o mundo, que é identificada como uma doença transmitida por sementes. A podridão negra é amplamente observada nas províncias do Centro e do Uva, onde a couve é cultivada. Nas condições climáticas locais, não é capaz de produzir sementes de couve. Por conseguinte, o Sri Lanka depende completamente de sementes de couve importadas. As sementes de couve importadas estão fortemente infectadas com Xcc. Neste estudo, foram testados métodos de tratamento de sementes para inibir o crescimento de Xcc. H2O2 (concentrações de 15 por cento, 10 por cento, 5 por cento), Cu_2 O (concentrações de 10 por cento, 5 por cento, 1 por cento), CuOCl (concentrações de 10 por cento, 5 por cento, 1 por cento) e tratamento com água quente foram utilizados como tratamentos de sementes para estimar a inibição do Xcc. Os dados para o Índice de Vigor das Plântulas, a Percentagem de Germinação e a Incidência de Doenças (ID) foram utilizados com 4 réplicas. As diferenças significativas entre o controlo e os tratamentos foram verificadas com base na ANOVA (análise de variância) e as médias foram separadas (teste de Dunnett). De acordo com os resultados, todos os tratamentos foram capazes de inibir o crescimento de Xcc ($p = <.0001$). Quando $p < 0.05$ a incidência da doença é significativamente reduzida. 10% CuOCl (DI=1.2), 5% CuOCl (DI= 2.3), 10% Cu_2 O (DI=2.3) mostraram uma alta inibição do crescimento de Xcc em condições *in vitro*. Em sementes inoculadas com Xcc, a DI = 70,5. O tratamento de sementes com 10 por cento de oxicloreto de cobre mostrou a maior inibição de Xcc (DI = 1,2). Em uma repetição, apresentou 0 incidência da doença. A percentagem média de germinação e o índice de vigor das plântulas (SVI) das sementes tratadas com 10% de CuOCl foram 87,5 e

4.10. A percentagem média de germinação e o SVI médio das sementes de couve inoculadas com Xcc foram de 83 e 2,5 em condições *in vitro*. Estes resultados devem ser testados mais aprofundadamente em condições *in vivo*.

RECONHECIMENTO

I Gostaria de exprimir a minha gratidão ao Prof. K.L. Wasantha Kumara, Diretor do Departamento de Biologia Agrícola da Faculdade de Agricultura da Universidade de Ruhuna, por me ter proporcionado as condições para a realização deste trabalho de investigação.Gostaria também de exprimir a minha maior gratidão aos meus supervisores, Dr. (Sra.) N.P. Ranathunga, Departamento de Biologia Agrícola, Faculdade de Agricultura, Universidade de Ruhuna, e Dr. (Sra.) M.G.D. Lakmini Priyantha, Diretor Adjunto, Serviço de Certificação de Sementes, Departamento de Agricultura, Gannoruwa, Peradeniya, por me terem dado um enorme apoio e orientação para concluir esta investigação.

Gostaria também de agradecer ao pessoal da Seed Health Testing Unit , Gannoruwa, Peradeniya, por me ter dado apoio para concluir a investigação em tempo útil e por me ter dispensado o seu tempo.

Agradeço também à minha família, aos meus entes queridos e aos meus amigos por me terem apoiado durante o meu período de investigação.

Por último, mas não menos importante, quero agradecer a todas as pessoas que me ajudaram a concluir esta investigação com êxito.

Capítulo 1

INTRODUÇÃO

1.1 Introdução geral

A couve *(Brassica oleracea* L. var. *capitata)* é uma planta bienal de folha verde ou roxa, cultivada como cultura hortícola anual pelas suas cabeças de folhas densas. Está estreitamente relacionada com culturas como os brócolos, a couve-flor e as couves-de-bruxelas. A couve descende da *B. oleracea var. oleracea,* uma couve selvagem do campo. As cabeças de couve variam geralmente entre 0,5 e 4 quilogramas (1 a 9 lb), e podem ser verdes, roxas e brancas. A Organização das Nações Unidas para a Alimentação e a Agricultura (FAO) refere que a produção mundial de couves e outras brássicas em 2011 foi de quase 69 milhões de toneladas métricas (68 milhões de toneladas longas; 75 milhões de toneladas curtas). Quase metade destas culturas é cultivada na China. A couve é uma boa fonte de vitamina K, vitamina C e fibra alimentar.

A podridão negra, causada pela bactéria *Xanthomonas campestris* pv. *campestris,* é considerada a doença mais grave das culturas de crucíferas em todo o mundo. Pode afetar o rendimento da couve de várias formas: as cabeças podem permanecer pequenas e a qualidade pode ser reduzida devido aos sintomas nas partes comercializáveis da planta. A remoção das folhas sintomáticas aumentaria o custo de produção. A podridão mole pode desenvolver-se após a podridão negra, reduzindo ainda mais a qualidade e o tempo de armazenamento da couve (McGrath, 1994).

A podridão negra é caracterizada por lesões cloróticas a necróticas em forma de V na margem das folhas e por tecidos vasculares enegrecidos. As folhas e cabeças doentes têm um fraco valor de mercado e não são adequadas para armazenamento, uma vez que apodrecem rapidamente após a colheita. A *Xanthomonas campestris pv. campestris* sobrevive de estação para estação como um inóculo transportado pelas sementes (Schaad et al., 1980).

A couve é a cultura de crucíferas mais importante e extensivamente cultivada no Sri Lanka. A extensão aproximada cultivada em 2010 foi de 3677 ha, produzindo 62832 mt de couve fresca (Anónimo, 2011).

Embora não existam relatórios publicados no Sri Lanka sobre a perda real de rendimento da couve, os agricultores registaram grandes perdas, até 25-40%, devido à podridão mole e à podridão negra da couve (Somachandra *et al.,* 2012).

O Sri Lanka depende completamente de sementes de couve importadas devido às condições ambientais desfavoráveis para a produção de sementes, mas a incidência de doenças no país é elevada (Somachandra *et al.,* 2012). Muthumala (2006) referiu que as sementes de couve importadas estão fortemente infectadas pelo agente patogénico da podridão negra. O agente patogénico da podridão negra é um agente patogénico transmitido por sementes. De acordo com Roberts (2009), os níveis relativamente baixos de infestações podem ser epidemiologicamente significativos.

A prevenção é a melhor linha de defesa e é importante na produção orgânica. Os métodos atualmente praticados para controlar esta doença são a utilização de sementes limpas, a utilização de transplantes limpos e a manutenção do saneamento (Smart e Holly, 2013). No entanto, mesmo após a prática destes métodos, a podridão negra continua a causar grandes prejuízos em todo o mundo.

Xanthomonas campestris pv. campestris é um agente patogénico transmitido por sementes (Neergaard, 1979) (Agrawal, 1993). Por conseguinte, os tratamentos de sementes podem ser eficazes no controlo do agente patogénico.

Este trabalho foi realizado com o objetivo final de controlar a infeção da couve por *Xanthomonas campestris pv. campestris* ao nível da semente. Nesta experiência, foi avaliado o potencial de utilização do tratamento de sementes com um fungicida à base de óxido cuproso, um fungicida à base de cloreto de cobre, um tratamento com água quente e um tratamento de sementes com peróxido de hidrogénio contra a infeção das sementes e para um controlo eficaz da podridão negra da couve.

1.2 Objetivo

Encontrar um método eficaz de tratamento de sementes para gerir a infeção por *Xanthomonas campestris pv. campestris* que causa a podridão negra da couve

Objectivos específicos:

- o Determinar a eficácia de diferentes tratamentos de sementes para controlar a infeção por *Xanthomonas campestris pv. campestris*, que causa a podridão negra da couve, *in vitro.*
- o Identificar a concentração eficaz de produtos químicos utilizados para controlar *Xanthomonas campestris pv. campestris in vitro.*

Capítulo 2

Revisão da literatura

2.1 Couve

A couve *(Brassica oleracea var. capitata)* é uma planta bienal de folha verde ou roxa, cultivada como cultura hortícola anual pelas suas cabeças de folhas densas. Está estreitamente relacionada com outras culturas de repolho, como os brócolos, a couve-flor e as couves-de-bruxelas. Descende da *B. oleracea var. oleracea*, uma couve selvagem do campo. As cabeças de couve variam geralmente entre 0,5 e 4 kg, e podem ser verdes, roxas e brancas (Anónimo, 2011).

A Organização das Nações Unidas para a Alimentação e a Agricultura (FAO) informou que a produção mundial de couves e outras brássicas em 2011 foi de quase 69 milhões de toneladas métricas. Quase metade destas culturas foram cultivadas na China. A couve é uma boa fonte de vitamina K, vitamina C e fibra alimentar. (USDA, 2014)

Uma das doenças bacterianas mais comuns que afectam a couve é a podridão negra, causada por *Xanthomonas campestris,* que provoca lesões cloróticas e necróticas que começam nas margens das folhas e a murchidão das plantas (Keinath *et al.,* 2007).

De acordo com Wright (2001), para além do seu objetivo habitual como legume comestível, a couve tem sido utilizada historicamente como erva medicinal para uma variedade de benefícios para a saúde. Os gregos antigos recomendavam o consumo do vegetal como laxante e Decoutea (2000) afirmou que o sumo de couve é um antídoto para o envenenamento por cogumelos, para pomadas para os olhos e utilizado para ajudar a sarar contusões.

2.2 Género *Xanthomonas*

As espécies de *Xanthomonas* podem causar manchas bacterianas e infestações de folhas, caules e frutos numa grande variedade de espécies de plantas: As espécies patogénicas apresentam elevados graus de especificidade e algumas estão divididas em múltiplos patovares (Boch e Bonas, 2010).

As espécies de *Xanthomonas* podem ser facilmente disseminadas pela água, pelo movimento de material infetado, como sementes ou plantas de propagação, e por meios mecânicos, como ferramentas de poda infectadas. Após o contacto com um hospedeiro suscetível, as bactérias entram através de feridas ou aberturas naturais da planta como meio de infeção (Ritchie, 2000).

2.3 *Xanthomonas campestris*

Xanthomonas campestris é um bastonete aeróbio, Gram-negativo, conhecido por causar a podridão negra em crucíferas, escurecendo os tecidos vasculares. Associados ao hospedeiro, mais de 20 patovares diferentes *de* X. *campestris* foram identificados pela sua patogenicidade distinta numa vasta gama de plantas, incluindo culturas e plantas selvagens. Esta bactéria é mesófila, com uma temperatura óptima de 25-30 graus Celsius (7785 graus Fahrenheit) e inativa a temperaturas inferiores a 10 graus Celsius (50 graus Fahrenheit) (Averre, 2007).

Através da fermentação em cultura pura, *a X. campestris* pode produzir um polissacárido extracelular conhecido como goma xantana, que é fabricado comercialmente como agente estabilizador utilizado em muitos produtos do quotidiano, incluindo molhos para salada ou pasta de dentes (Kuntz, 2007).

2.3.1 Tipos de *Xanthomonas campestris*

Com base na planta hospedeira que é atacada por *Xanthomonas campestris* pode ser classificada como

- *Xanthomonas campestris pv. armoraciae*
- *Xanthomonas campestris pv. begoniae A*
- *Xanthomonas campestris pv. begoniae B*
- *Xanthomonas campestris pv. campestris*
- *Xanthomonas campestris pv. carota*
- *Xanthomonas campestris pv. corylina*
- *Xanthomonas campestris pv. dieffenbachiae*
- *Xanthomonas campestris pv. graminis*
- *Xanthomonas campestris pv. hederae*
- *Xanthomonas campestris pv. hyacinthi*
- *Xanthomonas campestris pv. juglandis*
- *Xanthomonas campestris pv. malvacearum ou Xanthomonas citri subsp. malvacearum*
- *Xanthomonas campestris pv. musacearum*

- *Xanthomonas campestris pv. nigromaculans*
- *Xanthomonas campestris pv. pelargonii*
- *Xanthomonas campestris pv. phaseoli*
- *Xanthomonas campestris pv. poinsettiicola*
- *Xanthomonas campestris pv. prunii*
- *Xanthomonas campestris pv. raphani*
- *Xanthomonas campestris pv. sesami*
- *Xanthomonas campestris pv. tardicrescens*
- *Xanthomonas campestris pv. translucens*
- *Xanthomonas campestris pv. vesicatoria*
- *Xanthomonas campestris pv. viticola*

(Enciclopédia da Vida, 2014)

2.3.2 Estrutura celular, estrutura do genoma e metabolismo de *Xanthomonas campestris*

X. campestris é uma bactéria Gram-negativa em forma de bastonete, caracterizada pelas suas duas paredes celulares e pigmento amarelo. Tem uma estrutura filamentosa chamada resposta hipersensível e a patogenicidade implementa a capacidade de transferir proteínas bacterianas para a planta e também a motilidade na água (Weber e Koebnik, 2005).

Possuindo a capacidade de fermentar, *a X. campestris* cria um polissacárido extracelular, a xantana, que é produzida comercialmente e utilizada numa variedade de produtos do quotidiano como agente estabilizador (Kuntz, 2007).

Os factores de virulência consistem em enzimas líticas que atacam a parede celular da planta, excreção de proteases, amilases, celulases e lipases que ajudam a diminuir os mecanismos de defesa da planta (Niehaus, 2007).

2.3.3 Doenças causadas por *Xanthomaonas campestris spp.*

A X. campestris causa grandes perdas na agricultura devido ao seu habitat nas plantas. Pode viver no solo durante mais de um ano e disseminar-se através da irrigação aérea e das águas superficiais. *As Xanthomonas campestris* dependem da água para sobreviver e deslocar-se para o hospedeiro seguinte. Devido à contaminação durante as operações culturais, as plantas afectadas ocorrem geralmente nas mesmas linhas quando cultivadas (Ritchie e Averre, 2007).

A X. campestris atinge então o tecido vascular, causando escurecimento e clorose marginal da folha. A bactéria penetra na folha em direção aos estomas, aos hidátodos e às células epidérmicas, dando início a novas lesões. A infeção grave ocorre numa plântula jovem. Uma vez que a doença avança por toda a planta, o caule principal não se pode formar, atrasando o desenvolvimento e escurecendo as nervuras. Eventualmente, as bactérias proliferam por todo o sistema vascular e até ao caule da semente, fazendo com que esta fique infetada por futuras doenças (Ritchie e Averre, 2007).

A X. campestris pode ser detectada pelas lesões negras que se desenvolvem nas superfícies das plantas quando contaminadas (Weber, 2005).

Aparecendo mais durante as estações húmidas, *X. campestris* possui pili que permitem um movimento deslizante através das folhas molhadas. Cobrindo uma área afetada em grande número, quando uma planta está doente, o agente patogénico espalha-se em qualquer forma de movimento da água, incluindo salpicos de gotas de chuva, para um novo hospedeiro (Ritchie e Averre, 2007).

2.4 *Xanthomonas campestris pv. campestris*

A Xanthomonas campestris pv. campestris (Xcc) é uma bactéria Gram-negativa que causa a podridão negra, a doença mais importante das culturas hortícolas de brássicas em todo o mundo. A investigação molecular intensiva da Xcc está a ganhar força e estão disponíveis várias sequências do genoma completo. (Vicente *et al.,* 2012)

Taxonomia:

Bacteria; Filo Proteobacteria; Classe Gammaproteobacteria; Ordem Xanthomonadales; Família :Xanthomonadacea; Género *Xanthomonas;* Espécie *X. campestris* (Vicente *et al.,* 2012).

Diz-se que o Xcc pode causar doenças num grande número de espécies de Brassicaceae (ex-Cruciferae), incluindo culturas hortícolas economicamente importantes de Brassica e uma série de outras culturas crucíferas, plantas ornamentais e infestantes, incluindo a planta-modelo *Arabidopsis thaliana.* A podridão negra é uma doença vascular sistémica.

Os sintomas típicos da doença incluem lesões amarelas em forma de V que começam nas margens das folhas e escurecimento das nervuras (Vicente *et al.*, 2012).

A podridão negra é uma doença transmitida por sementes. A doença é favorecida por condições quentes e húmidas e pode propagar-se rapidamente através da dispersão da chuva e da água de irrigação (Vicente *et al.*, 2012).

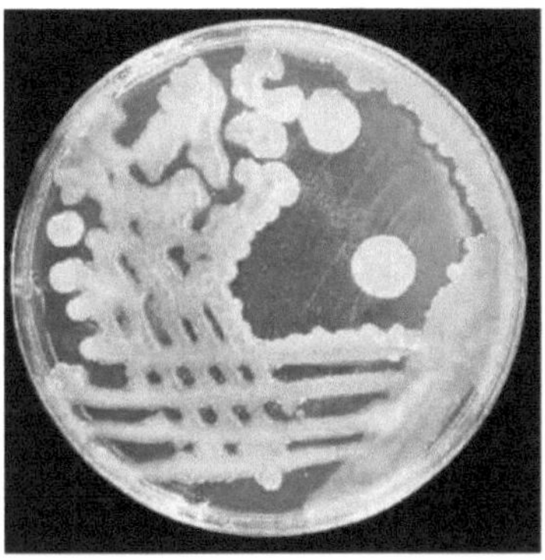

Figura 2.1a: Colónias estriadas de *Xanthomonas campestris pv. campestris* numa placa de ágar (Sutherland ,1998)

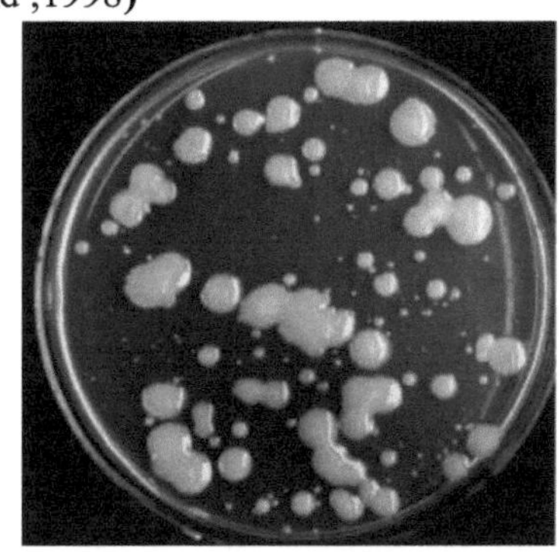

Figura 2.1b: Colónias de *Xanthomonas campestris pv. campestris* (Xcc) em ágar sólido. (Vorholter, 2008)

As colónias de tipo selvagem Xcc são caracterizadas por um fenótipo liso e viscoso que indica a produção do exopolissacarídeo xantana.

Xanthomonas campestris pv. campestris (Xcc), um organismo GRAS, é utilizado para a produção industrial do exopolissacárido xantana. A xantana serve como espessante para alimentos, mas também pode ser encontrada em produtos farmacêuticos e cosméticos. (Vorholter *et al.*, 2008).

2.5 Podridão negra nas couves

A podridão negra, causada pela bactéria *Xanthomonas campestris pv. campestris* (Xcc), é considerada a doença mais importante e mais destrutiva das crucíferas, infectando todas as variedades cultivadas de brássicas em todo o mundo (Alvarez, 2000).

Esta doença foi descrita pela primeira vez pelo botânico e entomologista Harrison Garman em Lexington, Kentucky, EUA, em 1889. Desde então, foi detectada em quase todos os países onde se cultivam comercialmente brássicas hortícolas (Chuup, 2006).

A podridão negra das crucíferas causada por *Xanthomonas campestris* pv. *campestris* é possivelmente a doença mais importante das crucíferas a nível mundial. Do ponto de vista económico, o hospedeiro mais importante de *X. campestris* pv. *campestris* é a *Brassica oleracea* (incluindo couve, couve-flor, brócolos, couve-de-bruxelas e couve-galega), mas também ataca outras *Brassica spp.* e é registada em várias culturas de crucíferas, ervas daninhas e plantas ornamentais (Vicente *et al.*, 2001).

A infeção do hospedeiro pelo Xcc pode ocorrer em qualquer fase do ciclo de vida da planta. Os sintomas caraterísticos da podridão negra causada por Xcc são lesões cloróticas a necróticas em forma de V que se estendem a partir das margens das folhas e o escurecimento dos tecidos vasculares. O agente patogénico desenvolve-se bem em climas quentes e húmidos e dissemina-se rapidamente no campo. A utilização de sementes limpas, a rotação de culturas e outras práticas culturais são os principais meios de controlo da podridão negra. No entanto, nos países em desenvolvimento, como os da África do Sul e Oriental, a podridão negra continua a ser o maior impedimento ao cultivo de couve devido à falta de fiabilidade das sementes "limpas", às múltiplas colheitas anuais e à elevada suscetibilidade das cultivares locais populares à doença (Massomo *et al.,* 2004).

Os membros da família de plantas Brassicaceae (Cruciferae), que inclui repolho, brócolos, couve-flor, couve, nabo, colza, mostarda, rabanete e o organismo modelo *Arabidopsis thaliana*, são afectados pela podridão negra (Alvarez, 2000).

A infeção do hospedeiro pelo Xcc provoca lesões foliares cloróticas a necróticas em forma de V, escurecimento vascular, murchidão, crescimento atrofiado e sintomas de podridão do caule. À medida que o agente patogénico avança das margens da folha em direção às nervuras, o stress hídrico e os sintomas cloróticos desenvolvem-se devido à oclusão dos vasos condutores de água por

exo-polissacáridos bacterianos e componentes de paredes celulares vegetais degradadas (Alvarez, 2000).

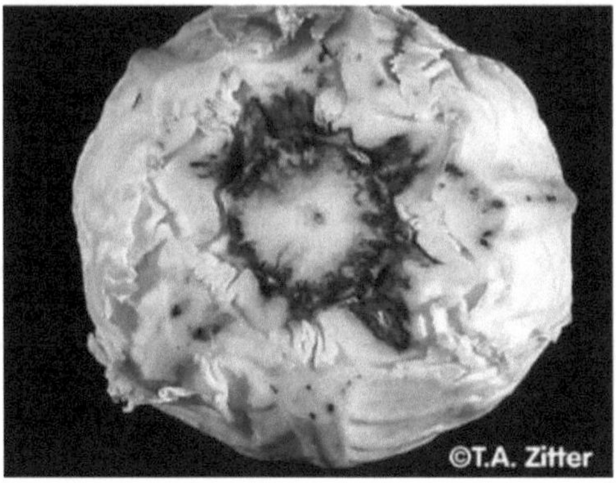

Figura 2.2a: Descoloração vascular da podridão negra no núcleo da couve armazenada

(Zitter, T.A., 1994)

Figura 2.2b: Podridão negra da couve *(Xanthomonas campestris pv. campestris)*: plântula com sintomas de infeção sistémica (McGrath, M.T., 1994)

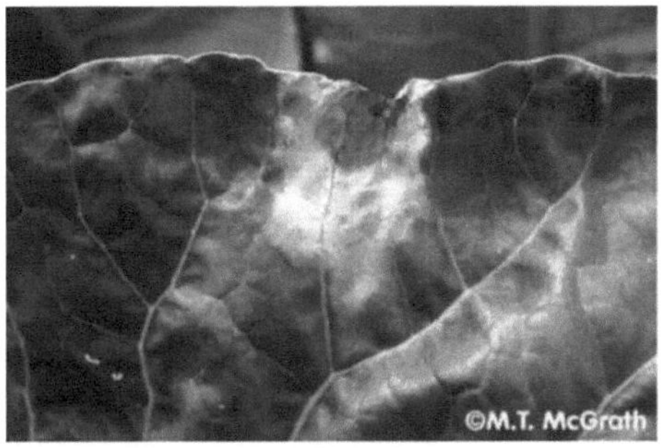

Figura 2.2c: Podridão negra da couve *(Xanthomonas campestrispv. campestris):* sintoma clássico em forma de V da infeção do hidátodo (McGrath, M.T., 1994)

A principal fonte de inóculo é a semente infetada com Xcc. Durante a germinação, a plântula é infetada através do epicótilo e os cotilédones podem desenvolver margens enegrecidas, murchar e cair. As bactérias progridem através do sistema vascular para os caules e folhas jovens, onde a doença se manifesta como lesões cloróticas a necróticas em forma de V que se estendem a partir das margens das folhas. Em condições de humidade, as bactérias presentes nas gotículas de gutação podem ser disseminadas pelo vento, chuva, salpicos de água e equipamento mecânico para as plantas vizinhas (Alvarez, 2000).

A via natural de invasão do Xcc é através dos hidátodos, embora as feridas nas folhas causadas por insectos e as raízes das plantas também possam ser portais de entrada. Ocasionalmente, as infecções ocorrem através dos estomas. Os hidátodos proporcionam ao agente patogénico um caminho direto das margens da folha para o sistema vascular da planta e, assim, uma infeção sistémica do hospedeiro. A invasão da veia da sutura leva à produção de sementes infectadas com Xcc (Alvarez, 2000)

O Xcc pode sobreviver em restos de plantas no solo até 2 anos, mas não mais de 6 semanas em solo livre. As bactérias presentes nos resíduos vegetais podem servir como fonte de inóculos secundários (Alvarez, 2000).

Condições quentes e húmidas favorecem a infeção das plantas por Xcc e o desenvolvimento da doença. A humidade livre é necessária para a invasão do hospedeiro, considerando que a via natural de infeção é através dos hidátodos (Anónimo, 1999).

A gama de temperaturas óptima para o crescimento bacteriano e o desenvolvimento de sintomas no hospedeiro situa-se entre 25° e 30 °C. Observa-se uma taxa de crescimento mais lenta a temperaturas tão baixas como 5 °C e até 35 °C. No entanto, os hospedeiros infectados não apresentam sintomas a temperaturas inferiores a 18 °C (Carisse *et al.*, 1999).

2.6 Importância económica da podridão negra

A cultura da couve é uma indústria multibilionária a nível mundial, reflectindo o seu valor como cultura hortícola, fonte de óleo vegetal, componente de culturas forrageiras para a alimentação do gado e ingrediente de condimentos e especiarias. Em 2007, a colheita de couves nos EUA ultrapassou os 413 milhões de dólares (mais de 1,4 milhões de toneladas) (USDA, 2008).

A podridão negra é considerada a doença mais importante da couve e de outras crucíferas, porque as infecções por Xcc podem não se manifestar até aos meses quentes de verão (muito depois da plantação), o agente patogénico espalha-se rapidamente e as perdas devidas à doença podem exceder 50% em climas quentes e húmidos. A importância da utilização de sementes e/ou transplantes isentos da doença é realçada pelo facto de que "apenas três sementes infectadas em 10.000 (0,03%) podem causar epidemias de podridão negra num campo" (Anónimo, 2000).

Em camas de transplante, um nível inicial de infeção de 0,5 por cento pode aumentar para 65 por cento em apenas três semanas (Williams, 1980).

De acordo com Roberts (2009), os trabalhos mais recentes indicam que a propagação pode ser muito mais rápida do que isto: com a irrigação por pórtico suspenso, a propagação do agente patogénico excedeu em muito a propagação dos sintomas, ao ponto de, numa experiência, quase 100% dos transplantes estarem infestados em cerca de 4500 plantas, seis semanas após a sementeira, a partir de um único infector primário. A modelação da taxa de propagação nos transplantes indica que a norma de tolerância amplamente utilizada para os ensaios de sanidade das sementes (0-01%) deve ser revista para 0-004%.

2.7 Gestão da podridão negra da couve

A gestão da podridão negra assenta em grande medida em práticas culturais:

- Utilização de sementes e transplantes certificados isentos de doenças
- Controlo de insectos

- Rotação de culturas com plantas não crucíferas (3-4 anos)
- Remoção dos restos de cultura após a colheita
- Controlo das infestantes crucíferas que podem servir de reservatório ao agente patogénico
- Saneamento (por exemplo, equipamento limpo, evitar trabalhar em campos molhados) (Anónimo, 1999).

O desenvolvimento e a utilização de cultivares resistentes à podridão negra são há muito reconhecidos como um método importante de controlo, mas na prática têm tido um sucesso limitado. A resistência às raças patogénicas mais importantes de Xcc é rara em *B. oleracea* (por exemplo, couve, brócolos, couve-flor); as fontes mais comuns e potencialmente úteis de resistência à podridão negra ocorrem noutros genomas de brássicas, incluindo *B. rapa, B. nigra, B. napus, B. carinata* e *B. juncea* (Taylor, 2002).

2.8 Importância do tratamento de sementes no controlo das doenças transmitidas por sementes

doenças

O tratamento de sementes refere-se à aplicação de fungicida, inseticida ou uma combinação de ambos, às sementes, de modo a desinfectá-las e desinfectá-las de organismos patogénicos transmitidos pelas sementes ou pelo solo e de insectos de armazenagem. Também se refere à exposição das sementes à energia solar e à imersão em água condicionada (Agrawal, 1993).

2.9 Peróxido de hidrogénio para controlar as bactérias

O clorocromato de piridínio N-heterocíclico (PCC) e o peróxido de hidrogénio (H2O2) inibiram o crescimento de agentes patogénicos em sementes e plântulas e podem ser utilizados para controlar doenças transmitidas por sementes causadas por *Xanthomonas campestris* pv. *vignicola,* o agente causal do míldio bacteriano do feijão-frade em condições laboratoriais (Kotchoni, *et al.,* 2007).

As espécies reactivas de oxigénio (ROS), tais como O^{2-} e $H\ O_{22}$, demonstraram recentemente ser altamente reactivas na mediação da indução de respostas de defesa e resistência a doenças nas plantas (Kotchoni, *et al.,* 2007).

O H2O2 tem o potencial de ser diretamente tóxico para as bactérias cultivadas *in vitro* (Kotchoni *et al.,* 2007)

2.10 Utilização do cobre para controlar as bactérias

Na região central do Oregon, os produtos à base de cobre têm sido utilizados há muitos anos na tentativa de suprimir o desenvolvimento precoce de populações do agente patogénico do míldio bacteriano da cenoura, *Xanthomonas campestris* pv *carotae* (Xcc), em cenouras de semente a semente (Crowe e Simmons, 2007).

Muitos produtos cúpricos são vendidos localmente para o controlo de *Xanthomonas campestris* pv *carotae* (Xcc), em cenouras, e vários foram incluídos neste estudo.

O ManKocide, que é uma combinação do fungicida Maneb com o hidróxido de cobre antibacteriano, foi considerado eficaz para outras doenças das plantas (Crowe e Simmons, 2007).

O acetato cúprico acidificado adicionado à água quente (35-50° C) e utilizado em 20 minutos de imersão das sementes reduziu substancialmente as infecções bacterianas das sementes de crucíferas. No entanto, houve alguma depressão da germinação das sementes, mas a temperaturas mais baixas os efeitos adversos foram ligeiros e só ocorreram com certas cultivares de crucíferas (Jeffs, 1986).

O óxido cuproso, um composto de iões de cobre+, é considerado a forma mais ativa do cobre. A sua solubilidade é baixa, a sua retenção é elevada e a proteção é excelente, mesmo em condições climáticas adversas e controla uma variedade de doenças fúngicas e bacterianas numa variedade de culturas (ACC, 2015).

De acordo com Roberts (2009), as pulverizações semanais com oxicloreto de cobre continuam a ser a melhor opção para reduzir a taxa de propagação de *Xcc* em transplantes de Brassica.

2.11 Utilização de cloro para controlar as bactérias

De acordo com Roberts (2009), a pulverização semanal de cloro nas plântulas de *Brassica spp.* pode reduzir o efeito de *Xanthomonas campestris pv. campestris.*

2.12 Tratamento da água quente para controlo das bactérias

O tratamento com água quente foi desenvolvido por Jensen em 1883 para o controlo do míldio *(Phytophthora infestans)* dos tubérculos de batata de semente e, mais tarde, para eliminar os fungos do carvão solto das sementes de aveia e cevada. Um banho de água a 50° C durante 25 minutos reduziu consideravelmente as doenças e este método foi utilizado comercialmente na Grã-Bretanha até ao final da década de 1960. Na América e na Austrália, o tratamento com água quente é utilizado para controlar as infecções bacterianas nas sementes de couve-flor e de outras brássicas. O tratamento também reduziu o nível de infecções por *Alternaria brassicicola* e *Phoma lingam* nestas sementes (Jeffs, 1986).

Utilizado corretamente, o tratamento com água quente mata a maioria dos organismos bacterianos causadores de doenças nas sementes ou dentro delas. Este tratamento é sugerido para sementes de beringela, pimento, tomate, cenoura, espinafre, alface, aipo, repolho, nabo, rabanete e outras crucíferas. O tempo de duração e a temperatura adequados estão incluídos no quadro 2.1.

Quadro 2.1: Temperatura e duração do tratamento com água quente adequadas para as culturas de Cole

Semente	**Temperatura da água**		**Minutos**
	°F	**°C**	
Couves-de-bruxelas, beringela, espinafres, couve, tomate	122	50	25

(Miller e Ivey, 2011)

Benefícios do tratamento de sementes com água quente: Alguns agentes patogénicos das plantas conseguem penetrar e sobreviver dentro da semente, fora do alcance dos tratamentos de sementes à superfície. Estes incluem muitos agentes patogénicos bacterianos dos legumes, assim como fungos, oomicetas e vírus. O tomate, o pimento e as brássicas são bons candidatos para o tratamento de sementes com água quente porque há doenças bacterianas e fúngicas comuns nestas pequenas culturas de sementes que podem ser facilmente prevenidas. O tratamento de sementes com água quente também tem o efeito benéfico de preparar as sementes, o que resulta numa germinação mais rápida do que a das sementes não tratadas. O tratamento de sementes com água quente é uma ferramenta valiosa para prevenir o estabelecimento de doenças transmitidas por sementes na exploração agrícola, ou a sua reintrodução ano após ano (The Centre for Agriculture, Food and the Environment, 2013).

2.13 Teste da percentagem de germinação

Normalmente, 100 sementes por réplica são colocadas em papéis de filtro húmidos em placas de Petri de 11 cm de diâmetro. A contagem da germinação é registada no dia 8th de acordo com as regras da International Seed Testing Association e o número de plântulas normais é expresso como percentagem de germinação (International Rules for Seed Testing, 2015).

De acordo com Neergaard (1979), as plântulas anormais são plântulas desenvolvidas num teste padrão de germinação e consideradas incapazes de se desenvolver numa planta normal em condições favoráveis.

O teste é efectuado em substratos não tóxicos, tais como papel absorvente, toalhas ou papéis de filtro, que são utilizados dentro de placas de Petri de vidro ou outros recipientes. Este tipo de testes poupa espaço no germinador e é fácil de efetuar. Deve ser fornecida humidade adequada às sementes durante todo o período do teste (Colbry *et al.,* 1961).

O objetivo do teste de germinação é medir a capacidade das sementes para produzir plantas normais em condições favoráveis. Normalmente, 400 sementes da fração de sementes puras são semeadas em condições recomendadas para a espécie em causa (Jeffs, 1986).

2.14 Testes de vigor das plântulas

De acordo com Neergaard (1979), um lote de sementes vigorosas é suscetível de ser bem sucedido numa grande variedade de condições de campo; as sementes não vigorosas são menos susceptíveis de produzir um povoamento satisfatório em certas condições de campo.

O comprimento das plântulas é medido como um método indireto de teste do vigor das plântulas (Neergaard, 1979).

O vigor das plântulas significa o potencial fisiológico para uma germinação rápida e uniforme e um crescimento rápido das plântulas em condições normais de campo (Neergaard, 1979).

3.15 Ensaios de sementes para deteção de organismos transmitidos por sementes

As sementes infectadas com agentes patogénicos bacterianos geralmente não se distinguem das sementes sãs. Para detetar sementes com infecções bacterianas, pode ser utilizado o método de plaqueamento em ágar. No método de plaqueamento em ágar, as sementes desinfectadas à superfície são colocadas num meio de ágar. Os agentes patogénicos que crescem a partir das sementes podem ser identificados pelas caraterísticas microscópicas das colónias (Anderson e Leach, 1961).

Capítulo 3

Materiais e metodologia

3.1 Seleção do material

Foram utilizadas cerca de 5000 sementes de couve para a experiência. Para a experiência, foi utilizada uma variedade de couve híbrida F1. As sementes já tinham sido tratadas com Mepronil e Iprodine e a sua pureza era de 90% e a percentagem de germinação de 95%, o que foi certificado por um laboratório de análise de sementes.

3.2 Testar a salubridade das sementes

3.2.1 Método da placa de ágar

3.2.1.1 Preparação de placas de ágar nutriente

Utilizando uma balança analítica, mediram-se 2,8 gramas de ágar nutriente e dissolveram-se em 100 ml de água destilada num frasco cónico. O meio de ágar foi esterilizado a 121° C a 103kPa numa autoclave durante 20 minutos. O meio de ágar foi arrefecido e vertido em placas de Petri esterilizadas com cerca de 15 ml por placa.

3.2.1.2 Cultura das sementes em ágar nutriente

Foram colhidas 50 sementes de couve e os fungicidas foram lavados e secos ao ar sob luz solar suave. Em seguida, foram mergulhadas em hipoclorito de sódio (NaOCl) a 1%, mantidas durante 10 minutos e enxaguadas com água destilada esterilizada três vezes para esterilizar a superfície em condições estéreis. As sementes de couve foram mantidas a secar. Foram preparadas placas de ágar nutriente. As sementes de couve foram colocadas nas placas de ágar nutriente para permitir o crescimento das bactérias presentes nas sementes. Após 24 horas, as bactérias presentes no meio de ágar foram semeadas em meio de ágar nutriente. Após 24 horas, as bactérias foram submetidas a um teste de gram. Este procedimento foi repetido duas vezes.

3.2.1.3 O teste do grama

Preparou-se uma lâmina, deitando duas gotas de água destilada na lâmina com um conta-gotas, e retirou-se uma pequena quantidade de bactérias com uma ansa de arame e misturou-se bem nas gotas de água. Deixou-se secar assepticamente. Em seguida, com uma pipeta, adicionou-se uma gota de violeta cristal às manchas de bactérias, deixou-se atuar durante 10 segundos e lavou-se com água destilada. Em seguida, colocou-se uma gota de solução de KI na mancha, deixou-se atuar durante 10 segundos e lavou-se novamente com água destilada. Em seguida, adicionou-se etanol a 95 % às manchas e lavou-se após 10 segundos. De seguida, adicionou-se uma gota de Saffranin com uma pipeta e lavou-se após 1 minuto. Em seguida, a lâmina foi mantida a secar durante alguns minutos e foi observada ao microscópio ótico com uma ampliação de 100 e 200x.

3.2.2 Teste de lavagem

Foram colhidas cem sementes de couve como amostra de trabalho e o fungicida foi lavado e deixado secar, tendo sido colocado num frasco cónico esterilizado e adicionado 100 ml de água destilada. A amostra de trabalho é uma subamostra retirada de uma amostra de sementes apresentada com o objetivo de efetuar uma análise, como a pureza, a germinação ou as condições sanitárias (Neergaard, 1979). O frasco cónico foi mantido num agitador orbital durante 2,5 horas a 100-125 rpm. A solução é designada por solução original.

Foram utilizados cinco tubos de ensaio esterilizados e identificados como 10^{-1} , 10^{-2} , 10^{-3} , 10^{-4} , e 10^{-5} . Foram adicionados 4,5 ml de água destilada esterilizada a cada tubo de ensaio. Utilizando uma pipeta, foram adicionados assepticamente 0,5 ml da solução original ao tubo de ensaio 10^{-1} . Misturou-se bem com um vortex e preparou-se uma solução de 10^{-1} . 0,5 ml da solução 10^{-1} foi vertido no tubo de ensaio 10^{-2} para obter a solução 10^{-2} . Da mesma forma, este procedimento foi repetido até se obter a solução 10^{-5} .

Foram preparadas doze placas de ágar nutriente, identificadas como 10^{-1} , 10^{-2} , 10 3, 10^{-4} , 10^{-5} e original, com duas réplicas para cada uma. Foi retirado 0,01 ml de cada solução com uma pipeta e colocado no meio do meio de ágar. A solução foi espalhada com uma vareta de vidro dobrada esterilizada. As placas foram incubadas a 25-28° C durante 24 horas. As placas foram então examinadas e as bactérias foram identificadas através da morfologia das colónias. O número de colónias de bactérias foi contado utilizando um contador de colónias. As colónias de bactérias foram testadas com gram.

3.3 Isolamento do agente patogénico

As amostras de couve que apresentavam os sintomas iniciais de podridão negra, como lesões caraterísticas em forma de V (McGrath, 1994) (Figura 3.1), foram colhidas no Parque Agro Tecnológico de Gannoruwa.

Figura 3.1a: Folhas de couve *(Brassica oleracea var. capitata)* com sintomas iniciais de podridão negra

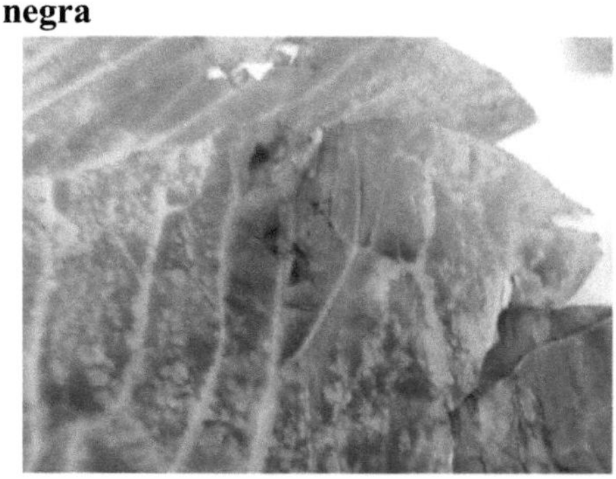

Figura 3.1b: Folhas de couve *(Brassica oleracea var. capitata)* com sintomas iniciais de podridão negra

Figura 3.1c: Folhas de couve *(Brassica oleracea var. capitata)* com sintomas iniciais de podridão negra

As folhas foram limpas com álcool a 70%. Cortaram-se pequenas partes das folhas e colocaram-se em placas de ágar nutriente. As placas foram mantidas numa incubadora a 25-28° C durante 36 horas. De acordo com Sutherland (1998), as colónias de *Xanthomonas campestris pv. campestris* são de cor amarela. As colónias bacterianas foram semeadas em placas de ágar nutriente. E as placas foram mantidas numa incubadora a 25-28° C durante 24 horas. E as bactérias foram testadas com gram.

Para confirmar a presença de bactérias, verificou-se a presença de exsudado bacteriano. Adicionou-se uma gota de água a uma lâmina. Cortou-se uma parte da folha com sintomas de podridão negra, que foi montada na lâmina com a gota de água e coberta com uma lamela. E a exsudação bacteriana foi verificada utilizando um microscópio ótico com uma ampliação de 400x.

3.4 Inoculação do agente patogénico

Para confirmar que a bactéria isolada é *Xanthomonas campestris pv. campestris*, a bactéria foi inoculada nas plantas e nas folhas em meio de ágar-água. Dez mililitros de água destilada esterilizada foram colocados num frasco cónico esterilizado. A cultura bacteriana confirmada de *Xanthomonas campestris pv. campestris* foi retirada. Utilizando uma ansa de arame, misturaram-se pequenas porções de cultura bacteriana na água destilada dentro do frasco cónico. Misturou-se bem com um misturador vortex. Foram utilizadas 3 plantas de couve. Duas foram rotuladas como controlo e as restantes foram rotuladas como inoculadas. Selecionaram-se as duas plantas que foram rotuladas como inoculadas. Com uma seringa esterilizada, a solução patogénica previamente preparada foi introduzida nas nervuras. E as duas plantas foram fechadas num propagador para aumentar a humidade. As duas plantas que foram rotuladas como controlo foram injectadas com água destilada utilizando uma seringa esterilizada e foram colocadas num propagador para aumentar a humidade. As plantas foram submetidas às mesmas condições ambientais. As plantas foram observadas quanto aos sintomas.

Foram preparadas placas de ágar-água. Mediu-se 1 g de ágar com uma balança analítica. Foi misturado em 100 ml de água destilada num frasco cónico. A solução foi mantida num autoclave a 121° C a 103kPa durante 20 minutos para esterilizar. O meio de ágar foi arrefecido e foi vertido em placas de Petri esterilizadas com aproximadamente 15 ml por placa. Foi retirada a terceira folha de quatro plantas de couve. Estas foram limpas com álcool a 70%. As folhas foram colocadas no meio da placa de ágar-água. Uma folha foi mantida como controlo. As outras três folhas foram danificadas com uma agulha e a solução do agente patogénico foi aplicada com um pincel. Os sintomas foram observados após 7 dias. Uma cultura de reserva foi mantida em meio de ágar slant a 4° C de temperatura para a cultura confirmada de Xcc.

3.5 Inoculação artificial do agente patogénico nas sementes

Foram recolhidos cinco tubos de ensaio esterilizados. Foram marcados como original, 10^{-1}, 10^{-2}, 10^{-3} e 10^{-4}. Foram adicionados 5 ml de água destilada esterilizada ao tubo de ensaio original, utilizando uma pipeta. Foi selecionada uma cultura semeada de *Xanthomonas campestris pv. campestris*. Utilizando uma ansa de arame, a cultura de bactérias foi misturada com a água destilada no tubo de ensaio e foi bem misturada utilizando uma mistura de vórtice. Foi efectuada uma diluição em série até uma concentração de 10^{-4}. Foram colhidas quinze sementes de couve, que foram lavadas do fungicida e secas. Foram mergulhadas em hipoclorito de sódio (NaOCl) a 1%, mantidas durante 10 minutos e lavadas com água destilada três vezes para esterilização superficial em condições estéreis. As sementes de couve foram mantidas a secar. Foram colocadas no tubo de ensaio três sementes de couve por tubo de ensaio e deixadas durante 20 minutos. Depois de retiradas, foram secas à luz solar moderada para atingir o teor de humidade anterior. Foram armazenadas durante 24 horas para testar as condições de apodrecimento. Em seguida, as sementes foram esterilizadas à superfície por imersão em hipoclorito de sódio (NaOCl) a 1%, mantidas durante 10 minutos e enxaguadas com água destilada três vezes para esterilização à superfície em condições estéreis.

Depois foram secas e colocadas em placas de ágar nutriente. Após 24 horas, as colónias bacterianas foram observadas e foi feita a contagem de colónias. As colónias bacterianas foram semeadas em placas de ágar nutriente e foram testadas com gram após 24 horas.

Com base na menor contaminação, foi escolhida uma solução de 10^{-3} para inocular o agente patogénico em todo o lote de sementes. As sementes de couve foram mergulhadas na solução 10^{-3} de agentes patogénicos durante 20 minutos. Em seguida, as sementes foram secas sob luz solar suave. E as sementes foram armazenadas durante três dias para testar a sua qualidade de conservação.

3.6 Tratamento com peróxido de hidrogénio

Quatrocentas e quarenta sementes de couve do lote de sementes saudáveis foram contadas e mantidas como controlo. Um outro conjunto de quatrocentas e quarenta sementes de couve das sementes inoculadas com o patógeno da podridão negra foi contado e mantido como outro controlo. Para fazer as diferentes concentrações de peróxido de hidrogénio, foram utilizados três tubos de ensaio esterilizados. E foram rotulados como cinco por cento, dez por cento e quinze por cento. A área foi escurecida antes de abrir o recipiente de peróxido de hidrogénio. Adicionaram-se 9,5 ml de água destilada esterilizada ao tubo de ensaio de cinco por cento. Nove mililitros de água destilada esterilizada foram adicionados ao tubo de ensaio de dez por cento. Adicionaram-se 8,5 ml de água destilada esterilizada ao tubo de ensaio dos quinze por cento. Utilizando uma pipeta, adicionou-se 0,5 ml de peróxido de hidrogénio ao tubo de ensaio de 5% e misturou-se bem com um vórtex. Adicionou-se um mililitro de peróxido de hidrogénio ao tubo de ensaio de 10% e misturou-se bem. Adicionou-se 1,5 ml de peróxido de hidrogénio ao tubo de ensaio de 15% e misturou-se bem. Em seguida, foram colhidas sementes de couve esterilizadas à superfície. Foram adicionadas quatrocentas e quarenta sementes de couve a cada tubo de ensaio e mantidas durante dez minutos. Depois, as sementes foram retiradas, bem secas e armazenadas.

3.7 Tratamento de água quente

Foram colhidas quatrocentas e quarenta sementes de couve. As sementes foram pré-aquecidas a 35° C durante 10 minutos num banho de água. Em seguida, foram tratadas termicamente a 4550° C durante quinze minutos em banho-maria. Depois, as sementes foram retiradas e bem secas à luz do sol. E foram armazenadas durante 48 horas para testar a qualidade de conservação.

3.8 Tratamento de sementes com fungicida à base de óxido cuproso

Foi utilizado o fungicida óxido cuproso (Cu_2O) (50 w/W). Misturaram-se 0,2 g do fungicida em dez mililitros de água destilada num recipiente esterilizado para obter a concentração de um por cento. Misturou-se um grama do fungicida em dez mililitros de água destilada para obter a concentração de cinco por cento. Dois gramas do fungicida foram medidos e misturados em dez ml de água destilada para fazer a concentração de dez por cento. Quatrocentas e quarenta sementes de couve esterilizadas à superfície foram mergulhadas em cada uma das diferentes concentrações de fungicida durante 20 minutos (Figura 3.2). O fungicida foi lavado com água destilada e mantido a secar.

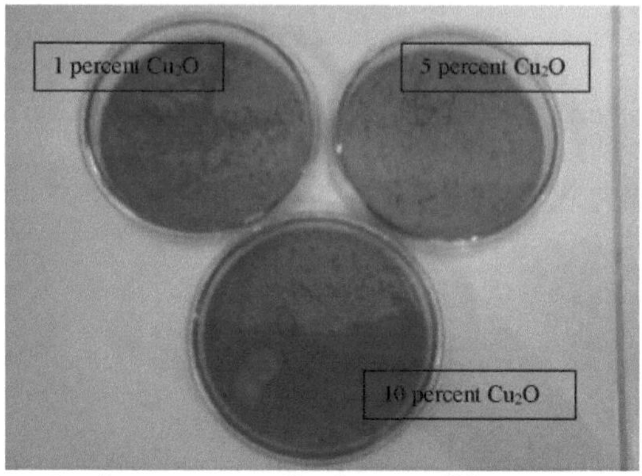

Figura 3.2: As sementes foram mergulhadas em diferentes concentrações de óxido cuproso.

3.9 Tratamento de sementes com fungicida à base de oxicloreto de cobre

Foi utilizado o fungicida oxicloreto de cobre (CuOCl) (50 w/W). Misturaram-se 0,2 g do fungicida em dez mililitros de água destilada num recipiente esterilizado para obter a concentração de um por cento. Misturou-se um grama do fungicida em dez mililitros de água destilada para obter a concentração de cinco por cento. Dois gramas do fungicida foram medidos e misturados em dez mililitros de água destilada para fazer a concentração de dez por cento. Quatrocentas e quarenta sementes de couve esterilizadas à superfície foram mergulhadas em cada uma das diferentes concentrações de fungicida durante 20 minutos (Figura 3.3). O fungicida foi lavado com água destilada e mantido a secar.

Figura 3.3: As sementes foram mergulhadas em diferentes concentrações de oxicloreto de cobre.

3.10 Testar as sementes

3.10.1 Testar a percentagem de germinação das sementes

Foram colhidas duzentas sementes de couve do lote de sementes saudáveis, que foram esterilizadas à superfície e secas. Foram utilizadas placas de Petri esterilizadas e colocadas nelas papéis de filtro esterilizados e humedecidos, três papéis de filtro por placa. Foram colocadas 50 sementes de couve numa placa de Petri como uma réplica e mantidas na sala de cultura à temperatura ambiente. Da mesma forma, foram preparadas quatro réplicas. O procedimento foi seguido para todos os tratamentos e para o controlo (sementes inoculadas com Xcc). Os resultados da germinação das sementes de couve foram obtidos após seis dias.

A percentagem de germinação foi calculada utilizando a equação "(Equação 3.1)".

Número de sementes germinadas (aspeto normal e saudável) x 100 Germinação percentagem

Número total de sementes testadas

"(Equação 3.1)"

Figura 3.4: As sementes tratadas com oxicloreto de cobre foram mantidas para testar a percentagem de germinação

3.10.2 Ensaio de vigor das plântulas

3.10.2.1Preparação do meio para testar o vigor das plântulas

Foram utilizados duzentos tubos de ensaio. Quatro gramas de ágar foram misturados em quatrocentos mililitros de água destilada e colocados num copo de 500 ml. Colocou-se um íman de agitação dentro do copo e manteve-se um agitador magnético a 180° C. Quando o ágar foi bem misturado até o meio se tornar transparente, foi retirado do agitador e vertido nos tubos de ensaio em 2 ml por tubo de ensaio. Os tubos de ensaio foram cobertos com folha de alumínio e autoclavados a 121° C e 103kPa durante 20 minutos. Os tubos de ensaio foram colocados em suportes de tubos de ensaio para o meio de ágar assentar.

Figura 3.5: O meio de ágar disposto para testar o vigor das plântulas

3.10.2.2 Cultura de sementes para testar o vigor das plântulas

Quarenta sementes de couve foram retiradas do lote de sementes de couve saudável, foram esterilizadas à superfície e mantidas a secar. Em seguida, utilizando um par de pinças, as sementes de couve foram colocadas uma a uma em cada tubo de ensaio. Foram preparados quarenta tubos de ensaio. Quatro réplicas para cada tratamento, com dez tubos de ensaio por réplica. Este procedimento é seguido para todos os tratamentos e para o controlo (sementes inoculadas com Xcc). Os tubos de ensaio foram cobertos com folha de alumínio e mantidos numa incubadora a uma temperatura de 25-28° C. Os resultados do vigor das plântulas de couve foram obtidos após seis dias.

Figura 3.6: As sementes tratadas com oxicloreto de cobre foram colocadas em meio de ágar para testar o vigor das plântulas

O Índice de Vigor foi calculado através de uma equação "(Equação 3.2)".

Índice de vigor = (Comprimento da raiz (cm) + Comprimento do rebento (cm)) x Percentagem de germinação da semente

100

(Adebisi, M. *et al.,* 2010)

"(Equação: 3.2)"

Em seguida, foi calculado o Índice de Vigor médio para cada réplica.

3.10.3Teste de incidência da doença

O teste de lavagem foi efectuado para calcular a incidência da doença. Para o efeito, foram utilizadas duzentas sementes de couve por tratamento. O teste de lavagem foi feito para todos os tratamentos e para o controlo. Efectuou-se uma série de diluições até 10^{-4}. Foram feitas duas réplicas por cada concentração nas placas de ágar nutriente. As placas foram incubadas a 25-28° C durante 24 horas. As placas foram então examinadas

e identificou as bactérias utilizando a morfologia das colónias e o teste de Gram. O número de colónias de bactérias foi contado utilizando um contador de colónias.

Figura 3.7: Série de diluições efectuada para as sementes tratadas com óxido cuproso

A incidência da doença foi calculada utilizando a fórmula " (Equação 3.2)".

Incidência da doença = Número de colónias de *Xanthomonas campestrispv. campestris* x 100

Número total de colónias de bactérias

"(Equação 3.3)"

3.11 Análise estatística

Esta pesquisa foi conduzida de acordo com o Delineamento Inteiramente Casualizado. As diferenças significativas entre os tratamentos foram verificadas com base numa ANOVA unidirecional e a comparação das médias de cada tratamento foi efectuada utilizando o teste de Dunnett a p=0,05 no SAS 9.1.

Capítulo 4

RESULTADOS E DISCUSSÃO

4.1 A confirmação de *Xanthomonas campestris pv. campestris*

4.1.1 Método de revestimento em ágar-água

O agente patogénico isolado e inoculado nas folhas de couve mostrou uma lesão em forma de V caraterística da podridão negra (Figura 4.1), pelo que o agente patogénico isolado foi confirmado como *Xanthomonas campestris pv. campestris.*

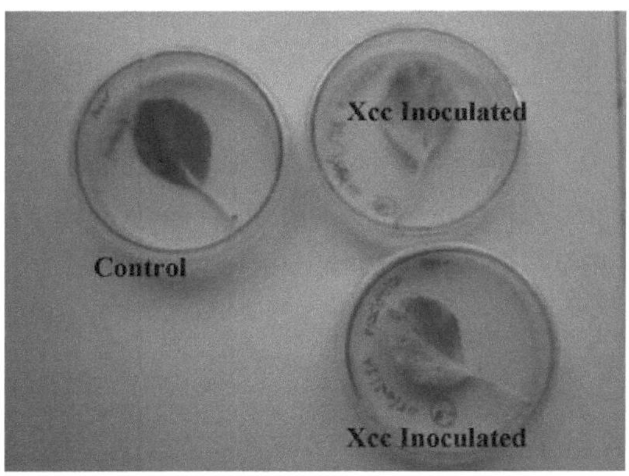

Figura 4.1: Comparação entre as folhas de couve inoculadas com o agente patogénico e as folhas de couve de controlo

4.1.2 Inoculação em plantas jovens de couve

O agente patogénico isolado e inoculado nas plantas de couve mostrou uma lesão caraterística em forma de V de podridão negra (Figura 4.2) no espaço de uma semana.

O

A bactéria isolada foi posteriormente confirmada como *Xanthomonas campsetrs pv. campestris.*

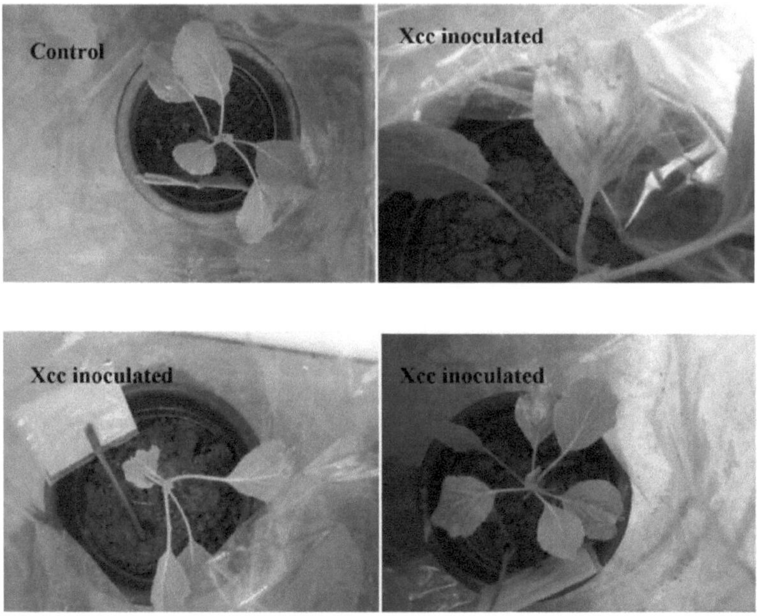

Figura 4.2: As plantas de couve inoculadas com o agente patogénico isolado em comparação com a planta de couve saudável

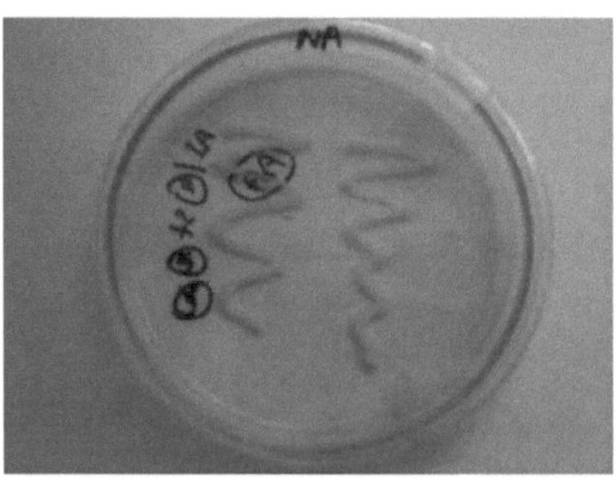

Figura 4.3: A cultura de *Xanthomonas campestrispv. campestris* em estrias em
Meio de ágar nutriente

4.2 O efeito do tratamento de sementes no controlo de *Xanthomonas campsetris pv. campestris*

De acordo com a análise estatística, todos os tratamentos foram capazes de inibir o crescimento de Xcc *in vitro* (Tabela 4.1). As sementes inoculadas com Xcc apresentaram uma incidência média da doença de 70,5 (Figura 4.4). De acordo com os resultados e a análise, dez por cento de oxicloreto de cobre mostrou uma incidência de doença muito baixa de 1,2 (Figura 4.4). Numa réplica, a incidência da doença foi zero. Isto pode dever-se ao facto de o composto químico e as suas concentrações serem capazes de inibir o crescimento de Xcc. De acordo com Roberts (2009), o cloro e o cobre são capazes de controlar o Xcc até um certo ponto. Também o CuOCl a cinco por cento apresentou a segunda menor incidência de doença, de 2,3.

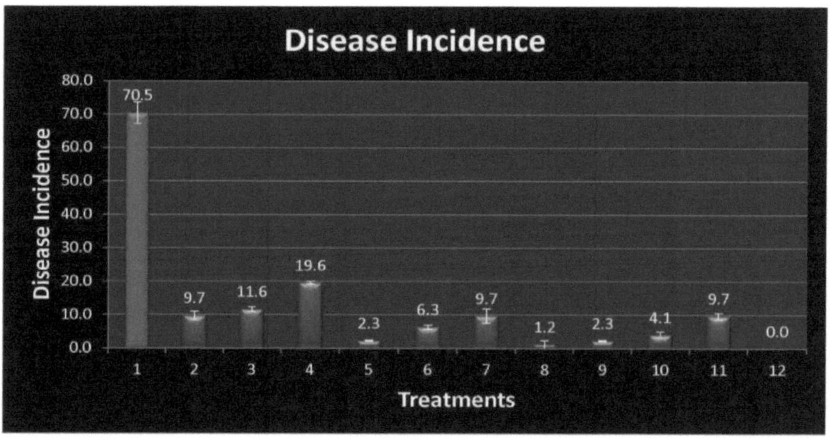

1= Controlo inoculado com Xcc, 2= 15 por cento H2O2 , 3= 15 por cento H2O2, 4=5 percentagem de H O22 , 5= 10 % de Cu_2 O, 6= 5 % de Cu_2 O, 7= 1 % de Cu_2 O, 8= 10 por cento CuOCl, 9 = 5 por cento CuOCl, 10= 1 por cento CuOCl, 11= Água quente tratamento, 12= Controlo saudável não tratado

As barras de erro indicam o erro padrão

Todos os tratamentos foram significativos ao nível de 0,05 quando comparados com o Controlo inoculado com Xcc.

Figura 4.4: Os dados relativos à incidência de doenças

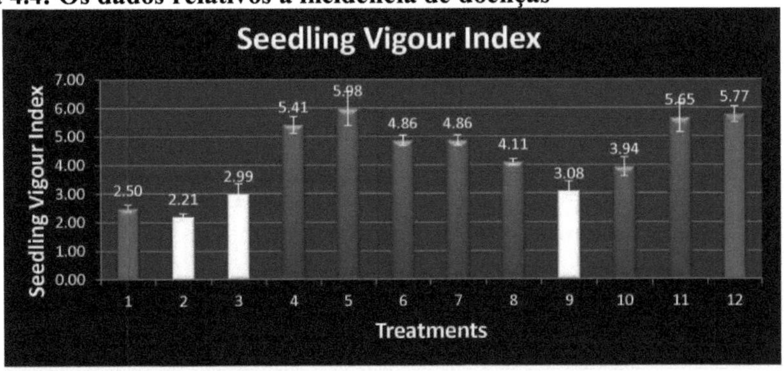

1= Controlo inoculado com Xcc, 2= 15 por cento H2O2 , 3= 15 por cento H2O2, 4= 5 por cento H2O2, 5= 10 por cento Cu2O, 6= 5 por cento CirO. 7= 1 por cento CirO. 8= 10 por cento CuOCl, 9 = 5 por cento CuOCl, 10= 1 por cento CuOCl, 11= Tratamento com água quente, 12= Sementes saudáveis não tratadas

As barras de erro indicam o erro padrão

Os tratamentos, exceto 2,3,9, foram significativos ao nível de 0,05 quando comparados com o controlo inoculado com Xcc.

Figura 4.5: Dados relativos ao Índice de Vigor das Plântulas

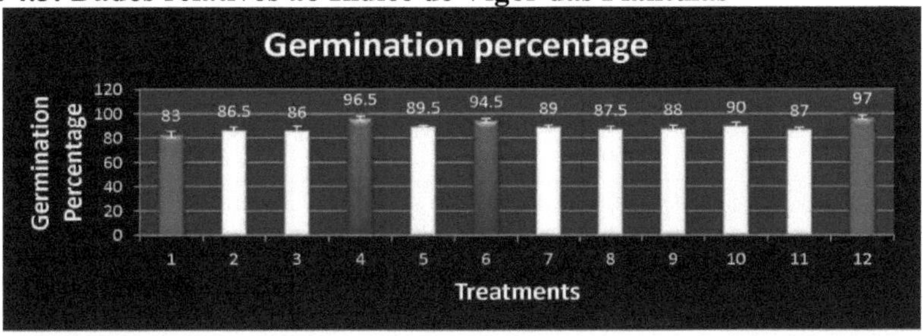

1= Controlo inoculado com Xcc, 2= 15 por cento H O_{22} , 3= 15 por cento H O_{22} , 4= 5 por cento H O_{22} , 5= 10 por cento Cu_2 O, 6= 5 por cento Cu_2 O, 7= 1 por cento Cu_2 O, 8= 10 por cento CuOCl, 9 = 5 por cento CuOCl, 10= 1 por cento CuOCl, 11= Tratamento com água quente, 12= Sementes saudáveis não tratadas

As barras de erro indicam o erro padrão

Os tratamentos 4 e 6 foram significativos quando comparados com o controlo.

Figura 4.6: Dados relativos à percentagem de germinação

Tabela 4.1: Comparação dos valores médios para a Incidência da doença

Comparação de tratamentos	Meios	Confiança Limites	
5 por cento H O_{22} -Xcc inoculado	-50.865	-57.244 -44.486	***
10 por cento H2O2 -Xcc inoculado	-58.835	-65.214 -52.456	***
15 por cento H2O2 -Xcc inoculado	-60.750	-67.149 -54.391	***

Tratamento com água quente - Xcc inoculado	-60.770	-67.149 -54.391	***
1 por cento Cu_2 O -Xcc inoculado	-60.795	-67.174 -54.416	***
5 por cento Cu_2O - Xcc inoculado	-64.130	-70.509 -57.751	***
1 por cento CuOCl - Xcc inoculado	-66.385	-72.764 -60.006	***
10 por cento Cu_2 O - Xcc inoculado	-68.170	-74.549 -61.791	***
5 por cento CuOCl - Xcc inoculado	-68.950	-75.365 -62.535	***
10 por cento CuOCl - Xcc inoculado	-69.270	-75.649 -62.891	***

Valores médios com Comparações significativas ao nível de 0,05 com *** indicam a diferença significativa entre um tratamento e o controlo de acordo com a ANOVA de uma via e o teste de Dunnett.

Tabela 4.2: Comparação dos valores médios para o Índice de Vigor das Plântulas

Comparação de tratamentos	Meios	Confiança Limites	
10 por cento Cu_2 O- Xcc inoculado	3.4786	2.1560 4.8012	***
Tratamento de água quente-Xcc inoculado	3.1550	1.8324 4.4776	***
5 por cento H2O2 - Xcc inoculado	2.9137	1.5910 4.2363	***
5 por cento Cu_2 O- Xcc inoculado	2.3573	1.0347 3.6799	***
1 por cento Cu_2 O- Xcc inoculado	2.3573	1.0347 3.6799	***
10 por cento CuOCl - Xcc inoculado	1.6059	0.2833 2.9286	***

1 por cento CuOCl - Xcc inoculado	1.4353	0.1126 2.7579	***
5 por cento CuOCl - Xcc inoculado	0.5822	-0.7404 1.9048	
10 por cento H2O2 - Xcc inoculado	0.4950	-0.8277 1.8176	
15 por cento H2O2 - Xcc inoculado	-0.2899	-1.6126 1.0327	

Valores médios com Comparações significativas ao nível de 0,05 com *** indicam a diferença significativa entre um tratamento e o controlo de acordo com a ANOVA de uma via e o teste de Dunnett.

Tabela 4.3: Comparação dos valores médios para a percentagem de germinação

Comparação de tratamentos	Meios	Confiança Limites	
5 por cento H O_{22} - Sementes inoculadas com Xcc	13.500	3.80723 .193	***
5 por cento de sementes inoculadas com Cu2O- Xcc	11.500	1.80721 .193	***
1 por cento Cu_2 O- Xcc sementes inoculadas	9.000	-0.693 18.693	
1 por cento CuOCl - sementes inoculadas com Xcc	7.000	-2.693 16.693	
Sementes inoculadas com 10 por cento de Cu2O- Xcc	6.500	-3.193 16.193	
5 por cento CuOCl - sementes inoculadas com Xcc	5.000	-4.693 14.693	

10 por cento CuOCl - sementes inoculadas com Xcc	4.500	-5.193 14.193	
Tratamento de água quente Xcc sementes inoculadas	4.000	-5.693 13.693	
15 por cento H2O2 - sementes inoculadas com Xcc	3.500	-6.193 13.193	
10 por cento H2O2 - sementes inoculadas com Xcc	3.000	-6.693 12.693	

Valores médios com Comparações significativas ao nível de 0,05 com *** indicam a diferença significativa entre um tratamento e o controlo de acordo com a ANOVA de uma via e o teste de Dunnett.

Quase todos os tratamentos mostraram uma melhor germinação do que as sementes de couve inoculadas com Xcc. No entanto, quando os tratamentos de sementes como o óxido cuproso a 5 por cento e o peróxido de hidrogénio a 5 por cento apresentaram uma melhoria significativa na germinação (Figura 4.6) (Quadro 4.3). Isto talvez se deva à qualidade inibidora de agentes patogénicos destas concentrações químicas e à concentração destes produtos químicos ser adequada para as sementes de couve. Porque concentrações demasiado baixas não podem inibir o agente patogénico em grande medida e concentrações demasiado altas podem inibir bem o agente patogénico mas podem ser tóxicas para as sementes de couve.

Apenas no peróxido de hidrogénio a 15% se verificou uma redução do vigor das plântulas vigor das plântulas do que as sementes inoculadas com Xcc (Figura 4.5). Isto pode dever-se à elevada concentração do produto químico e ao facto de ser demasiado forte para as sementes. O

Os outros tratamentos de sementes mostraram uma melhoria no vigor das plântulas do que as sementes de couve inoculadas com Xcc. Mas os tratamentos, exceto 10% de H O_{22} e 5% de oxicloreto de cobre, mostraram uma melhoria significativa no vigor das plântulas do que as sementes de couve inoculadas com Xcc (Quadro 4.2). Isso pode ser devido à alta inibição de Xcc dos outros tratamentos. A maior melhoria no vigor das plântulas foi mostrada por 10 por cento de óxido cuproso. Isto pode dever-se à elevada qualidade de inibição de Xcc e ao facto de o composto químico não ser tóxico para as sementes de couve.

O tratamento de sementes com 10 por cento de oxicloreto de cobre mostrou a maior inibição de Xcc. Numa réplica, apresentou 0 incidência da doença. A percentagem média de germinação das sementes tratadas com 10% de oxicloreto de cobre foi de 87,5 (Figura 4.6). A percentagem média de germinação das sementes de couve inoculadas com Xcc foi de 83 e a percentagem média de germinação das sementes saudáveis foi de 92% (Figura 4.6). O índice médio de vigor de plântulas das sementes tratadas com 10% de oxicloreto de cobre foi de 4,10 (Figura 4.5). O índice médio de vigor das sementes de repolho inoculadas com Xcc foi de 2,5 e o índice médio de vigor das sementes sadias foi de 5,77 (Figura 4.5). Portanto, a percentagem de germinação e o índice de vigor das plântulas das sementes de couve tratadas com 10% de oxicloreto de cobre foram melhores do que os das sementes de couve inoculadas com Xcc. No entanto, devem ser efectuados mais estudos sobre este tratamento de sementes com diferentes períodos de tempo de imersão no produto químico e deve também ser efectuado um estudo *in vivo*.

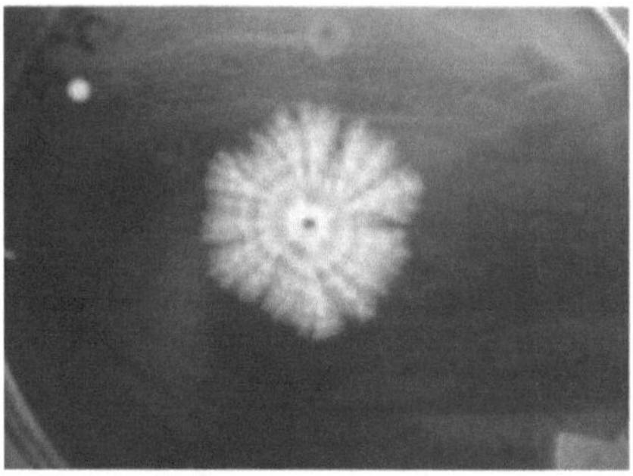

Figura 4.7: As colónias de bactérias que cresceram nas placas de ágar nutriente de sementes de couve sãs foram identificadas como grampositivas e como não Xcc

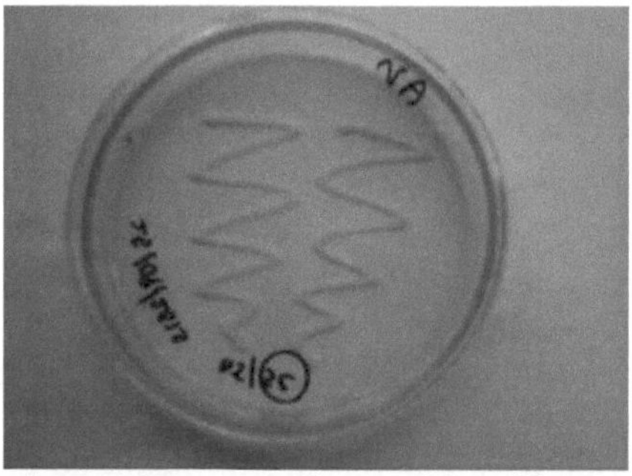

Figura 4.8: As colónias bacterianas que foram identificadas como Xcc , e as suas colónias individuais foram semeadas em meio Nutrient Agar

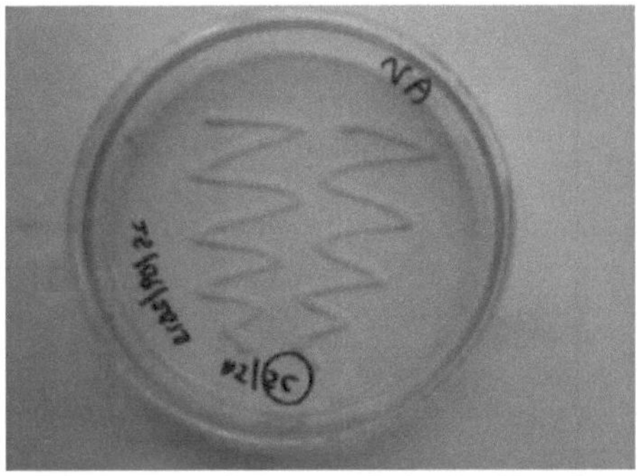

Figura 4.9: Estratificação de uma única colónia de *Xanthomonas campestris pv. campestris*

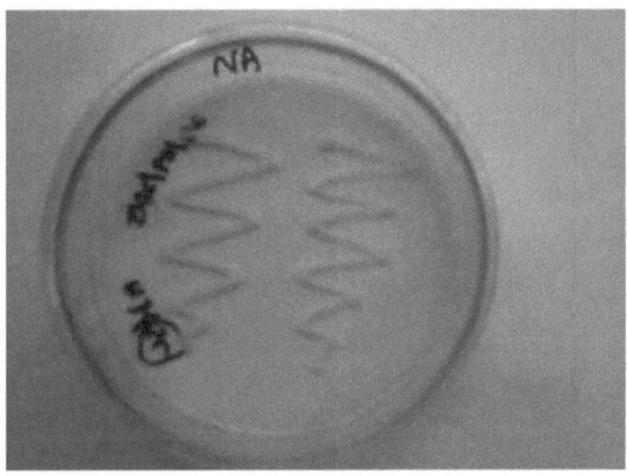

Figura 4.10: Estratificação de uma única colónia de *Xanthomonas campestris pv. campestris*

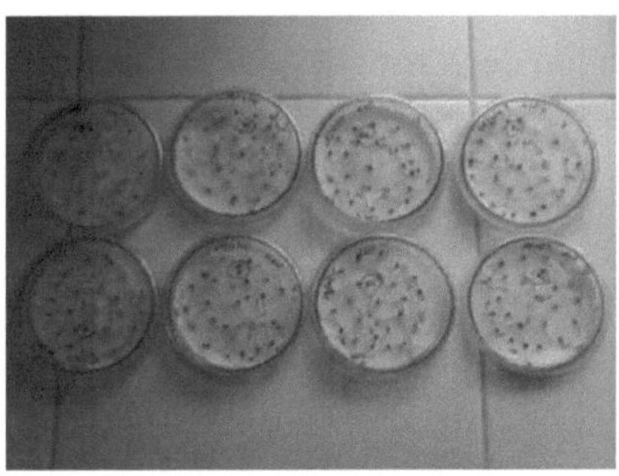

Figura 4.11: Resultados da germinação das sementes de couve tratadas com água quente

Figura 4.12: Resultado da germinação do tratamento com 5 por cento de óxido cuproso

sementes de couve

Figura 4.13: Resultado da germinação das sementes de couve tratadas com peróxido de hidrogénio a 10%.

Figura 4.14: Resultado do teste de vigor das plântulas das sementes de couve tratadas com oxicloreto de cobre a 10%.

CONCLUSÃO

- Todos os tratamentos foram capazes de inibir a *Xanthomonas campestris pv. campestris* em condições *in vitro*.
- *Xanthomonas campestrispv. campestris* reduziu a germinação e o vigor das plântulas em condições *in vitro*.
- Concentrações elevadas dos produtos químicos (15% de H O_{22}) podem reduzir a percentagem de germinação e o vigor das plântulas das sementes de couve.
- O oxicloreto de cobre a 10% foi o melhor tratamento de sementes nas condições fornecidas. Devem ser efectuados mais estudos para verificar o período de tempo adequado para as manter mergulhadas no produto químico e devem ser efectuados estudos *in vivo*.

REFERÊNCIAS

- Adebisi, M., Ajala, M., Alake, F. e Okelola, M. (2010). INTERRELAÇÃO ENTRE OS TRAÇOS DE VIGOR DAS SEMENTES E O DESEMPENHO NO CAMPO EM NOVOS GENÓTIPOS DE ARROZ PARA ÁFRICA (NERICA) (Oryza sativa L .). pp.15-24.
- Agrawal, R.L. (1993). *Seed Technology.* Oxford e IBH Publishing Co. Pvt. Ltd, p.325.
- Alvarez, A. (2000). Podridão negra das crucíferas. *Mechanisms of Resistance to Plant Diseases,* pp.21-52.
- American Chemet Coorporation, (2015). *Fungicida Agrícola Óxido Cuproso |*

Chemet. [online] Disponível em: http://www.chemet.com/products/cu-products/cuprous-oxide- agricultural-fungicide/ [Acedido em 1 Nov. 2015].

- Anderson, A.M. e Leach, C.M. (1961). *The yearbook of agriculture: Testing Seeds for seed borne organisms (Teste de sementes para organismos transmitidos por sementes)*. Washington, D.C.: Departamento de Agricultura dos Estados Unidos, pp.453-457.
- Arnold, R. L.B. (2004). *Handbook of Seed Physiology (Manual de Fisiologia de Sementes*). Nova Iorque: The Haworth Press, pp.99-100.
- Averre, C. (2007). *Podridão negra do repolho e culturas afins | TCU GLOBE Gateway*. [online] Globe.thaicyberu.go.th. Disponível em: http://globe.thaicyberu.go.th/node/93890 [Acedido em 20 set. 2015].
- Basra, A.S. (1995). *Qualidade das sementes: Basic mechanisms and agricultural implications*. Nova Iorque: Haworth Press, pp.98-102.
- Boch, J. e Bonas, U. (2010). XanthomonasAvrBs3 Family-Type III Effectors: Discovery and Function. *Revisão Anual de Fitopatologia*, 48, pp.420-436.
- Chupp, C. (2006). *Podridão negra da couve". Manual de Doenças de Plantas Hortícolas*. Nova Deli, Índia: Discovery Publishing House, pp.132-133.
- Colbry, V.L., Swofford, T.F. e Moore, R.P. (1961). *The yearbook of agriculture: Tests for germination in the laboratory (Testes de germinação em laboratório)*. Washington, D.C.: Departamento de Agricultura dos Estados Unidos, pp.433-434.
- Serviço de Extensão Cooperativa, (2012). Procedimentos para o Teste de Germinação de Papel Toalha Molhado. 6(2).
- Copeland, L., Lawrence, O., McDonald, e Miller, (2001). *Principles of Seed*

Science and Technology. 4th ed. Michigan: Michigan State University Press, pp.149-185

- Copeland, L.O. e McDonald, M.B. (1985). *The principles of Seed Science and Technology*. 2a ed. Minnesota: Burgess Publishing Company, pp.122-158.
- Crowe, Rhonda, B. e Simmons, F. (2004). EFICÁCIA DOS PRODUTOS À BASE DE COBRE E CLORO NO CONTROLO DE *XANTHOMONAS CAMPESTRIS* PV *CAROTAE* EM CENOURAS.
- Deacon, J. (n.d.). *Exopolissacáridos: goma xantana.* [online]. Arquivo.bio.ed.ac.uk. Disponível em: http: //archive.bio.ed.ac.uk/jdeacon/microbes/xanthan.htm [Acedido em 20 de setembro de 2015].
- Decoteau, e Dennis, R. (2000). *Culturas hortícolas.* Prentice Hall, p.174.
- Dornbos Jr., D. (1995). *Qualidade das sementes: Capítulo 2.* Nova Iorque: Haworth Press, pp.45-58.
- Enciclopédia da Vida, (2014). *Descrições e artigos sobre o patógeno bacteriano da mancha foliar da alface (Xanthomonas campestris) - Enciclopédia da Vida.*
- George, A.T. (2004). *Produção de Sementes de Hortaliças.* Roma, Itália: ABI Publishing, pp.136-147.
- Regras internacionais para o ensaio de sementes; Deteção de *Xanthomonas campestrispv. campestris* em *Brassica spp.* (2015). Bassersdorf: Associação Internacional de Ensaios de Sementes.
- Jeffs, K.A. (1986). *Tratamento de Sementes.* 2a ed. Lavenham, Suffolh: The Lavenham Press Ltd., pp.7-53.

- Jha, D.K. (1993). *A textbook on Seed Pathology*. Nova Deli: Vikas Publishing Pvt. Ltd, p.21.
- Keinath, Anthony P., Cubeta, Marc A., Langston Jr. e David B., (2007). *"Doenças da couve: Ecologia e controlo". In Pimentel, David. Enciclopédia de Gestão de Pragas 2.* CRC Press, pp.56-59.
- Kotchoni, O., Gachomo, E. e Torimiro, N. (2007). CONTROLE DE XANTHOMONAS CAMPESTRIS pv. VIGNICOLA EM COWPEA APÓS O TRATAMENTO DE SEMENTES E SEMENTEIRAS COM PERÓXIDO DE HIDROGÊNIO E CLOROCROMATO DE PIRIDÍNIO N-HETEROCÍCLICO. *Journal of Plant Pathology,* 89(3), pp.361367.
- Kuntz, L. (2007). *Conceção de produtos alimentares*.
- Ljemail.org, (2014). *US Department of Agriculture (2014) USDA Database Table for Raw Cabbage, 100 g. National Nutrient Database for Standard Reference, Version SR-27.\Reference\Scientific Research Publish*. [online] Disponível em: http://www.ljemail.org/reference/ReferencesPapers.aspx?ReferenceID= 1496078 [Acedido em 20 set. 2015].
- Martin, T. (1994). *Tratamento de sementes: Progress and Prospects*. Londres: British Crop Protection Council, pp.45-50.
- Massomo, S.M.S., Mabagala R.B., Swai I.S., Hockenhull J. e Mortensen C.N. (2004). Avaliação da resistência varietal da couve contra o agente patogénico da podridão negra, *Xanthomonas campestris pv. campestris*, na Tanzânia. *Crop Protection,* 23(4), pp.315-325.
- McGrath, M.T. (1994). Podridão negra das crucíferas. *VEGETABLE CROPS,*

pp.730-740.

- Murray, D.R. (1984). *Seed Physiology.* New South Wales: Academic Press, pp.55-80.
- Neergaard, P. (1979). *Patologia das sementes.* 3a ed. Londres: The Macmillan Press Ltd., pp.841-847.
- Niehaus, K. (2007). *O genoma de Xanthomonas campestris pv. campestris B100 e seu uso para a reconstrução de vias metabólicas envolvidas na biossíntese de xantana. - PubMed - NCBI.* [online] Ncbi.nlm.nih.gov. Disponível em: http://www.ncbi.nlm.nih.gov/pubmed/18304669 [Acedido em 23 Set. 2015].
- Ritchie D., (2000). *Departamento de Fitopatologia.* [em linha] Disponível em: http://plantpath.cals.ncsu.edu/people/faculty/david-ritchie/ [Acedido em 23 Set. 2015].
- Roberts, S. (2008). Avaliação de desinfectantes, produtos biológicos e naturais para o controlo da podridão negra das brássicas *(Xanthomonas campestris pv. campestris*). Relatório final 2008-.
- Roberts, S. (2009). Erradicação de patógenos de plantas transmitidos por sementes. *Solutions,* (agosto), pp.3-7.
- Roberts, S. J.(2009). *Transmissão e propagação de Xanthomonas campestris pv. campestris em transplantes de brássicas: implicações para as normas sanitárias das sementes.* London: Agricultural and Horticultural Development Board, pp.82-85.
- Perspectivas das Sementes da SAARC. (2012). Centro de Agricultura da SAARC.

- Shenge, Kerstin, Wydra, C., Mortensen, R. e Mabagala, K. (2014). isolados da Tanzânia ao cobre e implicações para a gestão da mancha bacteriana. 7(Xx), pp.2881-2885.
- Taylor, A. (2002). Tratamentos de sementes. (2000), pp.1291-1298.
- O Anuário da Agricultura. (1961). Washington: The United States Government printing office, pp.80-100.
- Estados Unidos. Departamento de Agricultura, (2008). *Estatísticas de repolho dos EUA.*
- Vaughan, J., Macleod, A. e Jones, B. (1976). *The Biology and Chemistry of the Cruciferaceae.* Londres: Academic Press, p.72.
- Vicente, Conway, J., Taylor, S. e Roberts, J. (2001). Identificação e origem das raças de Xanthomonas campestris pv. campestris e patovares relacionados. *Phytopathology,* 91(5), pp.492-499.
- Vicente, Eric, B. e Holub, J. (2013). Xanthomonas campestris pv. Campestris (causa da podridão negra das crucíferas) na era genómica continua a ser uma ameaça mundial para as culturas de brássicas. *Patologia Molecular das Plantas,* 14(1), pp.2-18.
  - Vicente, J.G. & Holub, E.B., 2013. *Xanthomonas campestrispv. Campestris (causa da podridão negra das crucíferas) na era genómica continua a ser uma ameaça mundial para as culturas de brássicas,*
  - Vicente, Joana G. e Holub, E. B. (2012). *Xanthomonas campestris pv. campestris* (causadora da podridão negra das crucíferas) na era genómica continua a ser uma ameaça mundial para as culturas de brássicas. *Molecular*

Plant Pathology, 14(1), pp.2-18.

- Vorholter F.J., Schneiker S., Goesmann A., Krause L., Bekel T., Kaiser O., Linke B., Patschkowski T., Ruckert C., Schmid J., Sidhu V.K., Sieber V., Tauch A., Watt S.A., Weisshaar B., Becker A., Niehaus K., e Puhler A. (2008). *O genoma de Xanthomonas campestris pv. campestris B100 e sua utilização para a reconstrução de vias metabólicas envolvidas na biossíntese de xantana. - PubMed - NCBI.* [online] Ncbi.nlm.nih.gov. Disponível em: http://www.ncbi.nlm.nih.gov/pubmed/18304669 [Acedido em 24 Set. 2015].
- Weber, E. e Koebnik, R. (2005). . "Estrutura de domínio de HrpE, a subunidade Hrp pilus de *Xanthomonas campestris pv. vesicatoria". Journal of Bacteriology,* 187(17), pp.6175-6186.
- Williams, P.H. (1980). Black rot: a continuing threat to world crucifers. *Plant Disease*, 64(8), pp.736-742.

APÊNDICES

Quadro 1 do apêndice: Resultados da incidência de doenças no controlo e nos tratamentos

Incidência da doença

Tratamento	Replicar	Incidência da doença
Sementes inoculadas com Xcc	R1	67.22
Sementes inoculadas com Xcc	R2	73.72
Sementes tratadas com peróxido de hidrogénio a 15	R1	11.04
Sementes tratadas com peróxido de hidrogénio a 15	R2	8.4

Sementes tratadas com peróxido de hidrogénio a 10%	R1	12.37
Sementes tratadas com peróxido de hidrogénio a 10%	R2	10.9
Sementes tratadas com peróxido de	R1	20
Sementes tratadas com peróxido de	R2	19.21
Sementes tratadas com 10 % de óxido	R1	2.47
Sementes tratadas com 10 % de óxido	R2	2.13
5 por cento de sementes tratadas com óxido	R1	6.91
5 por cento de sementes tratadas com óxido	R2	5.77
1 por cento de sementes tratadas com óxido	R1	11.86
1 por cento de sementes tratadas com óxido	R2	7.49
Sementes tratadas com oxicloreto de cobre a 10%.	R1	2.4
Sementes tratadas com oxicloreto de cobre a 10%.	R2	0
Sementes tratadas com oxicloreto de cobre a	R1	2.04
Sementes tratadas com oxicloreto de cobre a	R2	1
Sementes tratadas com oxicloreto de cobre a	R1	5
Sementes tratadas com oxicloreto de cobre a	R2	3.17
Tratamento de água quente	R1	8.69
Tratamento de água quente	R2	10.71

Verificação da diferença significativa e da separação média da incidência da doença entre o controlo e todos os tratamentos

O procedimento ANOVA

Informações sobre o nível de classe
Valores de ClassLevels

trt111 2 3 4 5 6 7 8 9 10 11

rep21 2

Número de observações Lidas22

Número de observações utilizadas22

Variável dependente: y

Soma de

Fonte DFSquaresQuadrado médio Valor F Pr > F

Modelo 107778 .
<.0001 774345777.877435197.19

Erro 1143 .3938003 .944891

Total corrigido217822 .168145
R-quadrado Coeff VarRoot MSEy
Média

0 .99445214. 938751 .98617513.29545

Fonte DF Anova SS Quadrado médio F Valor Pr
> F

107778 .
774345777.877435197.19

trt
<.0001

Testes t de Dunnett para y

NOTA: Este teste controla o erro experimental do tipo I para comparações de todos os tratamentos contra um controlo.

Alfa0 ,05

Erro Graus de liberdade11

Erro Quadrado médio3 ,944891

Valor crítico do t de Dunnett 3,22975

Diferença mínima significativa 6,4149

As comparações significativas ao nível de 0,05 são indicadas por ***

Comparação	Diferença trtBetween Meios	Simultaneous 95% Limites de confiança		
4 - 1	-50.865	-57.280	-44.450	***
3 - 1	-58.835	-65.250	-52.420	***
2 - 1	-60.750	-67.165	-54.335	***
11 - 1	-60.770	-67.185	-54.355	***
7 - 1	-60.795	-67.210	-54.380	***
6 - 1	-64.130	-70.545	-57.715	***
10 - 1	-66.385	-72.800	-59.970	***
5 - 1	-68.170	-74.585	-61.755	***
9 - 1	-68.950	-75.365	-62.535	***
8 - 1	-69.270	-75.685	-62.855	***

Quadro 2 do apêndice: Resultados da percentagem de germinação do controlo e dos tratamentos

Tratamentos	Réplicas	Leituras
Sementes de couve inoculadas com Xcc	R1	84
Sementes de couve inoculadas com Xcc	R2	76
Sementes de couve inoculadas com Xcc	R3	84
Sementes de couve inoculadas com Xcc	R4	88
Sementes de couve tratadas com H2O2 a 15	R1	82
Sementes de couve tratadas com H2O2 a 15	R2	88
Sementes de couve tratadas com H2O2 a 15	R3	82
Sementes de couve tratadas com H2O2 a 15	R4	94
Sementes de couve tratadas com H2O2 a 10%	R1	76
Sementes de couve tratadas com H2O2 a 10%	R2	84
Sementes de couve tratadas com H2O2 a 10%	R3	88
Sementes de couve tratadas com H2O2 a 10%	R4	96
Sementes de couve tratadas com 5 por cento de H2O2	R1	100
Sementes de couve tratadas com 5 por cento de H2O2	R2	98
Sementes de couve tratadas com 5 por cento de H2O2	R3	94
Sementes de couve tratadas com 5 por cento de H2O2	R4	94
Sementes de couve tratadas com 10 por cento de Cu2O	R1	92

10 por cento de sementes de couve tratadas com CU2O	R2	88
Sementes de couve tratadas com 10 por cento de Cu O_2	R3	88
Sementes de couve tratadas com 10 por cento de Cu O_2	R4	90
5 por cento de sementes de couve tratadas com CU2O	R1	96
Sementes de couve tratadas com 5 por cento de Cu O_2	R2	92
Sementes de couve tratadas com 5 por cento de Cu O_2	R3	92
Sementes de couve tratadas com 5 por cento de Cu2O	R4	98
1 por cento de sementes de couve tratadas com Cu2O	R1	94
1 por cento Cu_2 O sementes de couve tratadas	R2	90
1 por cento Cu_2 O sementes de couve tratadas	R3	88
1 por cento de sementes de couve tratadas com Cu2O	R4	96
Sementes de couve tratadas com CuOCl a 10%	R1	84
Sementes de couve tratadas com CuOCl a 10%	R2	86
Sementes de couve tratadas com CuOCl a 10%	R3	86
Sementes de couve tratadas com CuOCl a 10%	R4	94
Sementes de couve tratadas com 5 por cento de CuOCl	R1	92
Sementes de couve tratadas com 5 por cento de CuOCl	R2	82
Sementes de couve tratadas com 5 por cento de CuOCl	R3	86
Sementes de couve tratadas com 5 por cento de CuOCl	R4	92
1 por cento de sementes de couve tratadas com CuOCl	R1	94
1 por cento de sementes de couve tratadas com CuOCl	R2	82
1 por cento de sementes de couve tratadas com CuOCl	R3	90

1 por cento de sementes de couve tratadas com CuOCl	R4	94
Sementes de couve tratadas com água quente	R1	84
Sementes de couve tratadas com água quente	R2	86
Sementes de couve tratadas com água quente	R3	86
Sementes de couve tratadas com água quente	R4	92

Verificação da diferença significativa e da separação média da percentagem de germinação do controlo e de todos os tratamentos

O procedimento ANOVA

Informações sobre o nível de classe

Valores de ClassLevels

trt111 2 3 4 5 6 7 8 9 10 11

rep41 2 3 4

Número de observações Read44

Número de observações utilizadas44

O procedimento ANOVA

Variável dependente: y

Fonte	DF	Soma de Quadrados	Quadrado médio	Valor F	Pr > F
Modelo	10	620.181818	62.018182	2.73	0.0147

Erro 33 751.000000 22.757576

Total corrigido 43 1371.181818

R-quadrado Coeff Var Raiz MSE y Média

0. 4522975. 3519014 .77049089.13636

FonteDF Anova SS Quadrado médio F Valor Pr > F

trt10620 . 181818262.01818182.

730.0147

Testes t de Dunnett para y

NOTA: Este teste controla o erro experimental do tipo I para comparações de todos os tratamentos contra um controlo.

Alfa0 ,05

Erro Graus de liberdade33

Erro Quadrado médio22 ,75758

Valor crítico da t de Dunnett 2,87351

Diferença mínima significativa 9,6931

As comparações significativas ao nível de 0,05 são indicadas por ***

trt Comparação	Diferença Entre Meios	Simultâneo 95% Limites de confiança		
4 - 1	13.500	3.807	23.193	***
6 - 1	11.500	1.807	21.193	***
7 - 1	9.000	-0.693	18.693	
10 - 1	7.000	-2.693	16.693	
5 - 1	6.500	-3.193	16.193	
9 - 1	5.000	-4.693	14.693	
8 - 1	4.500	-5.193	14.193	
11 - 1	4.000	-5.693	13.693	
2 - 1	3.500	-6.193	13.193	
3 - 1	3.000	-6.693	12.693	

Quadro 3 do apêndice: Resultados do índice de vigor das plântulas do controlo e dos tratamentos

Tratamento	Replicar	Leituras
Sementes de couve inoculadas com Xcc	R1	2.30
Sementes de couve inoculadas com Xcc	R2	2.70
Sementes de couve inoculadas com Xcc	R3	2.30
Sementes de couve inoculadas com Xcc	R4	2.70
Sementes de couve tratadas com H2O2 a 15	R1	2.52
Sementes de couve tratadas com H2O2 a 15	R2	2.25
Sementes de couve tratadas com H2O2 a 15	R3	2.03
Sementes de couve tratadas com H2O2 a 15	R4	2.04
Sementes de couve tratadas com H2O2 a 10%	R1	2.10
Sementes de couve tratadas com H2O2 a 10%	R2	2.93
Sementes de couve tratadas com H2O2 a 10%	R3	3.83
Sementes de couve tratadas com H2O2 a 10%	R4	3.12
Sementes de couve tratadas com 5 por cento de H2O2	R1	5.90
Sementes de couve tratadas com 5 por cento de H2O2	R2	5.35
Sementes de couve tratadas com 5 por cento de H2O2	R3	4.59
Sementes de couve tratadas com 5 por cento de H2O2	R4	5.82
Sementes de couve tratadas com 10 por cento de Cu2O	R1	7.70
Sementes de couve tratadas com 10 por cento de Cu2O	R2	5.75

10 por cento de sementes de couve tratadas com CU2O	R3	5.54
Sementes de couve tratadas com 10 por cento de Cu O_2	R4	4.92
Sementes de couve tratadas com 5 por cento de Cu O_2	R1	4.56
5 por cento de sementes de couve tratadas com CU2O	R2	5.10
Sementes de couve tratadas com 5 por cento de Cu O_2	R3	4.55
Sementes de couve tratadas com 5 por cento de Cu2O	R4	5.22
1 por cento de sementes de couve tratadas com Cu2O	R1	4.56
1 por cento de sementes de couve tratadas com Cu2O	R2	5.10
1 por cento Cu_2 O sementes de couve tratadas	R3	4.55
1 por cento Cu_2 O sementes de couve tratadas	R4	5.22
Sementes de couve tratadas com CuOCl a 10%	R1	4.04
Sementes de couve tratadas com CuOCl a 10%	R2	4.08
Sementes de couve tratadas com CuOCl a 10%	R3	4.42
Sementes de couve tratadas com CuOCl a 10%	R4	3.89
Sementes de couve tratadas com 5 por cento de CuOCl	R1	2.75
Sementes de couve tratadas com 5 por cento de CuOCl	R2	3.95
Sementes de couve tratadas com 5 por cento de CuOCl	R3	3.27
Sementes de couve tratadas com 5 por cento de CuOCl	R4	2.35
1 por cento de sementes de couve tratadas com CuOCl	R1	4.05
1 por cento de sementes de couve tratadas com CuOCl	R2	3.82
1 por cento de sementes de couve tratadas com CuOCl	R3	3.15

1 por cento de sementes de couve tratadas com CuOCl	R4	4.73
Sementes de couve tratadas com água quente	R1	5.95
Sementes de couve tratadas com água quente	R2	4.16
Sementes de couve tratadas com água quente	R3	6.50
Sementes de couve tratadas com água quente	R4	6.01

Verificação da diferença significativa e da separação média do vigor das plântulas do controlo e de todos os tratamentos

O procedimento ANOVA

Informações sobre o nível de classe

Classe	Níveis	Valores
trt	11	1 11 2 3 4 5 6 7 8 9 10
repres entant	4	1 2 3 4

Número de observações Read44

Número de observações utilizadas44

Variável dependente: y

Fonte	DF	Soma de Quadrados	Quadrado médio	Valor F	Pr > F
Modelo	10	68.85616745	6.88561674	16.25	<.0001
Error	33	13.98293142	0.42372519		

Total corrigido4382 .83909887

R-quadrado Coeff Var Raiz MSE y Média

0 .83120415. 705900. 6509424.144569

FonteDF Anova SS Quadrado médio F Valor Pr > F

trt1068 . 856167456.8856167416.

25<.0001

O procedimento ANOVA

Testes t de Dunnett para y

NOTA: Este teste controla o erro experimental do tipo I para comparações de todos os tratamentos contra um controlo.

Alfa0 ,05

Erro Graus de liberdade33

Erro Quadrado médio0 ,423725

Valor crítico da t de Dunnett 2,87351

Diferença mínima significativa 1,3226

As comparações significativas ao nível de 0,05 são indicadas por ***.

Diferença

trtBetween Simultaneous 95%

ComparaçãoMeios		Limites de confiança		
5 - 1	3.4786	2.1560	4.8012	***
11 - 1	3.1550	1.8324	4.4776	***
4 - 1	2.9137	1.5910	4.2363	***
6 - 1	2.3573	1.0347	3.6799	***
7 - 1	2.3573	1.0347	3.6799	***
8 - 1	1.6059	0.2833	2.9286	***
10 - 1	1.4353	0.1126	2.7579	***
9 - 1	0.5822	-0.7404	1.9048	
3 - 1	0.4950	-0.8277	1.8176	
2 - 1	-0.2899	-1.6126	1.0327	

MIX
Papier aus verantwortungsvollen Quellen
Paper from responsible sources
FSC® C105338

Printed by Books on Demand GmbH, Norderstedt / Germany